小神童 · 科普世界系列

揭秘时间

赵霞◎编绘

浙江摄影出版社
全国百佳图书出版单位

神奇的时间

时间看不见，摸不着，却能让我们体验丰富多彩的事情。快看，运动会上，运动员们正在争分夺秒！

2 秒

各就各位，预备，跑！

跑步

同样长的跑道，看看谁耗时最少，跑得最快。

比赛才进行了 1 分 30 秒，红队进球啦！

0 2

篮球比赛

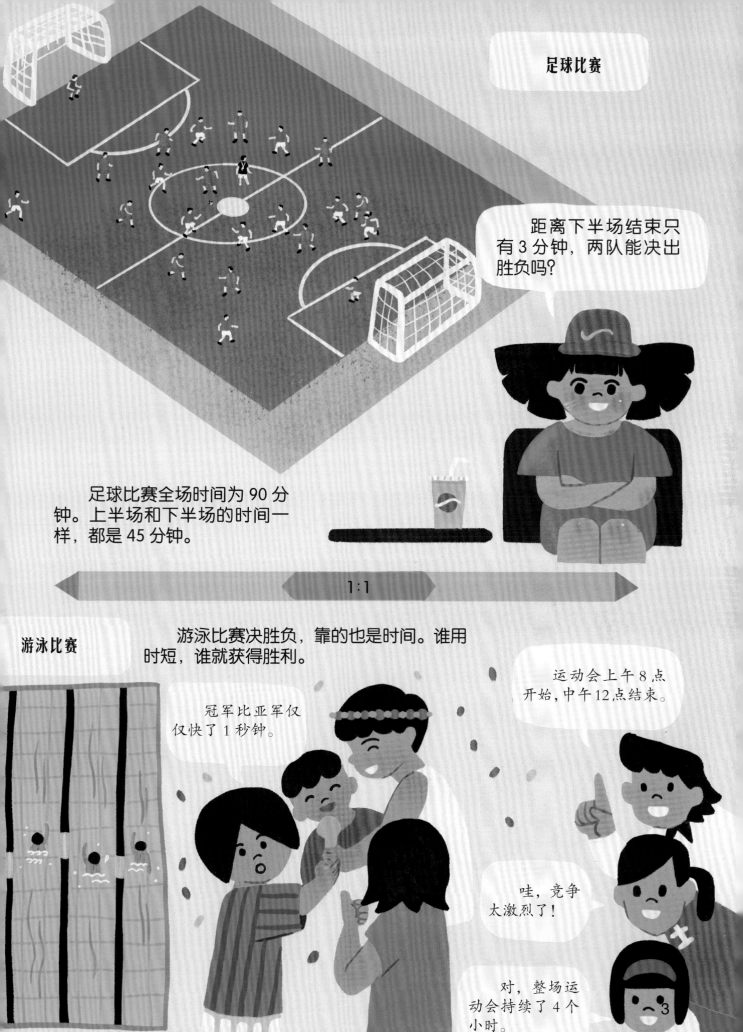

古代的计时

在古代，人们没有今天的钟表。古人是怎么计时的呢？让我们穿越时空，到中国的古代去看看吧！

古人将一个昼夜分为12个时辰。一个时辰，相当于今天的2个小时。

唉，这是什么仪器？

它叫日晷，可以通过测量太阳的影子来计时哦！

早在西周时期，我国就出现了漏刻。"嘀嗒嘀嗒……"人们用漏壶滴水通过观测壶中的刻箭，来计算时间。瞧，它有点像今天的沙漏。

在古代，有专门的打更人，叫"更夫"。更夫会用打梆子或敲锣的方式，进行夜间报时。一夜可分为五更，每一更大概是 2 小时。

燃香也是古代的计时方法哦。古人常常说"一炷香"的时间，就是指燃烧完一炷香，大概需要半个小时。

咚！——咚！咚！半夜三更啦！

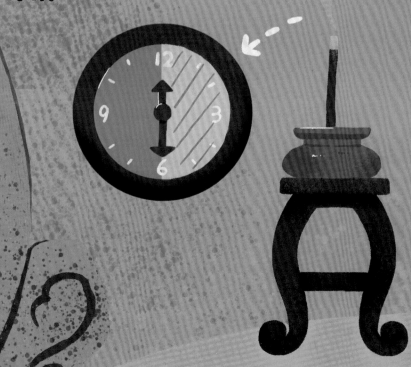

时间的单位

到了现代，人们都喜欢用钟表来计时。那么，常见的时间单位有哪些呢？

时钟"嘀嗒"一下，就是1秒。秒的国际符号是"s"。我们该怎么测算短跑的速度呢？这时，秒表就派上用场了。

60个1秒是1分钟。"min"是表示分的符号。

60个1分钟是1小时。小时，人们常用符号"h"来表示。

这是一段 15 秒的小
视频。

呀，我已经迟到了 5
分钟。

爸爸在跑
步机上锻炼了
15 分钟。

这场演出将会持续 1 个小时。

机械钟表

在日常生活中，机械钟表和电子钟表是最常见的两类钟表。先来认识一下古老的机械钟表吧！

"嘀嗒嘀嗒……"听，机械钟表在运转。

咚咚咚！

机械钟表有一项本领——用钟声来报时。

在 13 世纪，西方出现了机械钟——在英格兰的修道院里以砝码带动的机械钟。

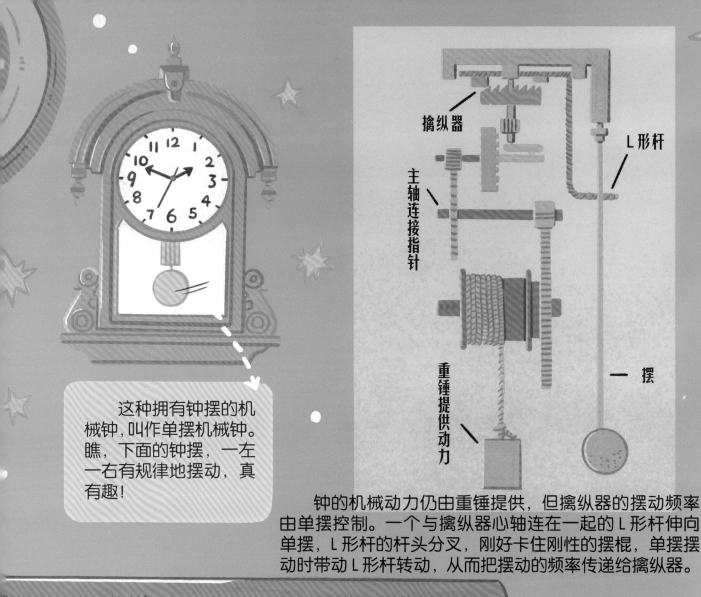

擒纵器

L形杆

主轴连接指针

重锤提供动力

摆

这种拥有钟摆的机械钟，叫作单摆机械钟。瞧，下面的钟摆，一左一右有规律地摆动，真有趣！

钟的机械动力仍由重锤提供，但擒纵器的摆动频率由单摆控制。一个与擒纵器心轴连在一起的L形杆伸向单摆，L形杆的杆头分叉，刚好卡住刚性的摆棍，单摆摆动时带动L形杆转动，从而把摆动的频率传递给擒纵器。

机械钟的内部，藏着好多个齿轮。"咿呀咿呀……"它们相互啮合，能够将一根轴的转动传递给另一根轴。

奇妙的表盘

机械钟的表盘上，有大大的数字、规则的格子和会转动的指针。它们各自有什么样的作用呢？

表盘上一共有几个数字呢？
数一数，你就会发现，一共有 12 个数字。

表盘上，最短的针是时针，它走得最慢。

两个相邻的数字之间，有一个大格子。

每一个大格子，又可分为五个相同的小格子。

整点的时候，分针都会指向数字"12"。

当分针指向"12"时，时针指向哪个数字，就说明是几点钟。比如，时针指向"6"，就是六点钟。

咦，时针和分针重叠了，这是怎么回事？

分针指向"12"，时针也指向"12"，如果是白天，说明时间是12点整。这是正午，阳光真猛烈呀！

咚！整点到了

机械钟，通常是在什么时候响呢？它会在整点的时候敲钟，发出响亮的声音。

什么是整点呢？当我们以小时为单位来表示时间时，整数的钟点叫作"整点"。

铃铃铃……

昨天晚上，妈妈给小朋友定了个7点整的起床闹钟。

12

看一看，这是几点钟?

这是上午10点钟，小朋友们在幼儿园里上课呢!

晚上8点，太阳准备落山啦!

夕阳真漂亮!

钟表上的半小时

"咚！" 有些机械钟，还会
在半点的时候敲钟呢！

什么是 "半点" 呢？
　　有时候，我们会以半小时为单位来表示时间，这就
是半点。半点的时候，分针都会指向数字 "6"。当分
针指向 "6" 时，时针指向两个数字中间，两个数字中
较小的数字是几，就说明是几点半。

分针指向 "6"，时针指向 "7"
与 "8" 的中间，就是 7 点半。早上
这时，小朋友和爸爸妈妈正在享用
丰盛的早餐。

小朋友们午睡醒来，老师问大家："瞧一瞧，现在是几点钟？"

我知道，现在是下午2点半。

时针指向"8"和"9"的中间，分针指向"6"，这是几点钟？

晚上8点半。

晚上这个时间点，爷爷奶奶正在家里看电视。

什么是一刻钟

小朋友，你听说过一刻钟吗？它也是常见的时间计量单位哦，一起来了解一下吧！

一刻钟是多长时间呢？
我们通常将 15 分钟称为一刻钟。

30 分钟，是半小时，就是两个一刻钟相加的时间。

60 分钟，是一小时，就是四个一刻钟相加的时间。

分针指向"3"或者"9"时，我们可以用"一刻"来指示分针的时间。

16

在白天，当时针指向"9"，分针指向"3"时，时间是9点过一刻。

幼儿园里，小朋友们在教室里学画画。

时针指向"3"和"4"之间，分针指向"9"，这是什么时间呢？这是3点45分，差15分钟就4点了，也可以说差一刻4点。

课间活动时，小朋友们在踢球，玩得满头大汗！

小朋友，你会用一刻钟来说明时间了吗？

数字时钟

和机械钟表不同，数字时钟没有指针，只用数字来表示时间。小朋友，你会看数字时钟吗？

数字时钟的 4 个数字的中间，有一个冒号。

冒号的左边，表示小时；冒号的右边，表示分钟。

小时的数字，如果以 0 开头，不用读出来。比如，"06：18"，这是 6 点 18 分。

在小时的位置上，最大的数字不超过 24。

分钟的数字，最大是多少呢？

是 59，你答对了吗？

分钟的数字，如果以 0 开头，需要读出来。比如，"10:08"，这是 10 点 08 分。

12 点 25 分，旋转木马开始啦！到了 12 点 30 分，音乐停止，旋转木马也停了下来。

图书馆服务时间是 9:00—17:00。现在是 18:30，图书馆已经关门了。

上午和下午

表盘式时钟上的数字在一天中会出现两次。一次在白天，一次在黑夜。

在正午之前的 12 个小时，意为午前，指 24:00:00—11:59:59 这一时段，可以用 AM 表示。

AM

3:15AM 是凌晨 3:15，医生在医院里值班。

7:00AM 表示上午 7:00，天亮了，阳光洒满大地。

10:30AM 也就是上午 10:30，公园里人来人往，真热闹！

12:00PM 就是中午 12:00，知了在树枝上歌唱。

PM

在正午之后的 12 个小时，意为午后，指 12:00:00—23:59:59 这一时段，可以用 PM 表示。

3:15PM 表示下午 3:15，小朋友在球场踢球。

7:00PM 表示晚上 7:00，天黑了，路灯亮了起来。

下午 10:30，公园在燃放烟花，真漂亮！

12:00AM 则表示午夜 12:00，星星在夜空眨眼睛。

24 小时制

有时候，数字钟表并不显示 AM 和 PM。它们喜欢采用 24 小时制来表示时间。

24 小时制，需要用到数字 0 到 23。用 24 小时制时，怎么区分上午和下午呢？

小时的位置，如果小于 12，就表示上午。

如果大于 12，就是下午或者晚上。

你能看懂 24 小时制的时间吗？

8 小于 12，这是
上午 8 点的意思。

08:00

13 大于 12，这是
下午几点呢？

13:00

13-12=1，这是下
午 1 点钟。

这是几点钟？看看小时数，
22 大于 12，需要减一减，22-
12=10。

22:50

哦，我知道了，这
是晚上 10 点 50 分。

星期、月和年

比天更大的计时单位有哪些呢？人们一般会用上星期、月和年。

1个星期有7天，星期的成员都有谁？

星期一	星期二	星期三	星期四	星期五	星期六	星期日

星期日也被称为星期天或者礼拜天。星期六和星期日，就是我们常说的周末哦！小朋友，周末的时候，你喜欢去哪里玩呀？

12个月，组成了1年。一年一共有多少天呢？有365天或366天。元旦是1月1日，是公历每一年的第一天！

比星期还大的时间单位，是月。一个月有 28—31 天。小朋友，找一找，看看哪些月份有 31 天？

25

世界上不同的时间

在中国，我们采用的是北京时间。在世界上的不同国家，大家的时间不一样哦！这是为什么呢？

地球自西向东转，东边比西边先看到太阳。所以，东边的时间也比西边早。为了防止时间混乱，人们决定引入标准时区的概念。

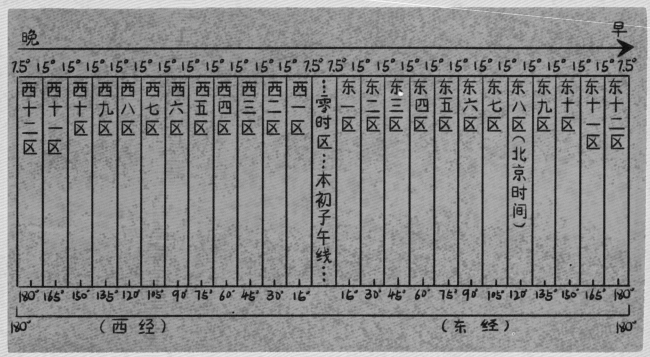

什么是标准时区呢？
标准时区也叫时区。按经线将地球表面平分为二十四区，每一区跨十五度，叫作一个标准时区。相邻两个标准时区的标准时相差一小时。

北京位于东八区，东京位于东九区，它们相差1个小时。

北京时间下午3点半，纽约时间是几点呢？

27

责任编辑　卞际平
文字编辑　袁升宁
责任校对　朱晓波
责任印制　汪立峰

项目策划　北视国
装帧设计　北视国

图书在版编目（ＣＩＰ）数据

揭秘时间 / 赵霞编绘 . -- 杭州 ： 浙江摄影出版社，
2021.9
（小神童·科普世界系列）
ISBN 978-7-5514-3398-3

Ⅰ . ①揭… Ⅱ . ①赵… Ⅲ . ①时间－儿童读物 Ⅳ .
① P19-49

中国版本图书馆 CIP 数据核字（2021）第 160273 号

JIEMI SHIJIAN

揭秘时间

（小神童·科普世界系列）

赵霞　编绘

全国百佳图书出版单位
浙江摄影出版社出版发行
　　　　地址：杭州市体育场路 347 号
　　　　邮编：310006
　　　　电话：0571-85151082
　　　　网址：www.photo.zjcb.com
制版：北京北视国文化传媒有限公司
印刷：唐山富达印务有限公司
开本：889mm×1194mm　1/16
印张：2
2021 年 9 月第 1 版　　2021 年 9 月第 1 次印刷
ISBN　978-7-5514-3398-3
定价：39.80 元